好奇宝宝大世界

畅游恐龙公园

海豚传媒 / 编

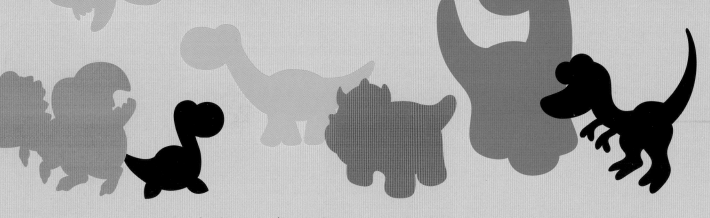

长江出版传媒 | 长江少年儿童出版社

目录

CONTENTS

前言

恐龙生活在距今大约2亿3500万年至6500万年前，它们支配了地球超过1亿6000万年之久。但是现在恐龙都已经灭绝了，所以科学家们只能借助于化石来了解神秘的恐龙。

在恐龙世界里，有6层楼高的恐龙，也有仅30厘米的恐龙，有"装备齐全"的恐龙，也有顶着超大头冠的恐龙……

现在，让我们顺着时间的推移，带孩子们走进一座恐龙公园，为他们展示一个个的恐龙档案，充分满足孩子们对这个神秘物种的好奇心吧！

恐龙最早出现在三叠纪的中后期。三叠纪距今约 2.48 至 2.08 亿年，那时似哺乳类爬行动物越来越多，但又逐渐被新的"祖龙类"取代，就是翼龙与恐龙的祖先。到了三叠纪中期，早期恐龙以优异的掠食者之姿出现，而随着似哺乳类爬行动物的衰微，恐龙也出现植食性的品种取而代之。海洋中除了无脊椎动物及鱼类以外，爬行类也进入海洋，成为蓝色世界的成功掠食者，其中以鱼龙类最为成功。此时，长尾的翼龙类也出现了，并成为昆虫的天敌。

三叠纪

shǐ dào lóng

始盗龙

Eoraptor

蜥臀目 · 兽脚亚目 · 埃雷拉龙科

恐龙档案

生存地点：南美洲

身长：1.2 米

体重：10 千克

食性：杂食性

小贴士

　　始盗龙被认为是最原始的恐龙之一。它身材娇小，四肢骨骼薄且中空，体态轻盈矫健，能够急速猎杀与自己体形差不多的动物。

āi léi lā lóng

埃雷拉龙
Herrerasaurus

蜥臀目·兽脚亚目·埃雷拉龙科

恐龙档案

生存地点：美洲

身长：5 米

体重：180 千克

食性：肉食性

小贴士

　　埃雷拉龙是速度相当快的两足肉食性恐龙，是最古老的恐龙之一。它有着锐利的牙齿、巨大的爪和强有力的后肢，以其他小型爬行动物为食。它的骨骼细而轻巧，这使它成为敏捷的猎手，而且它的听觉也非常敏锐。

7

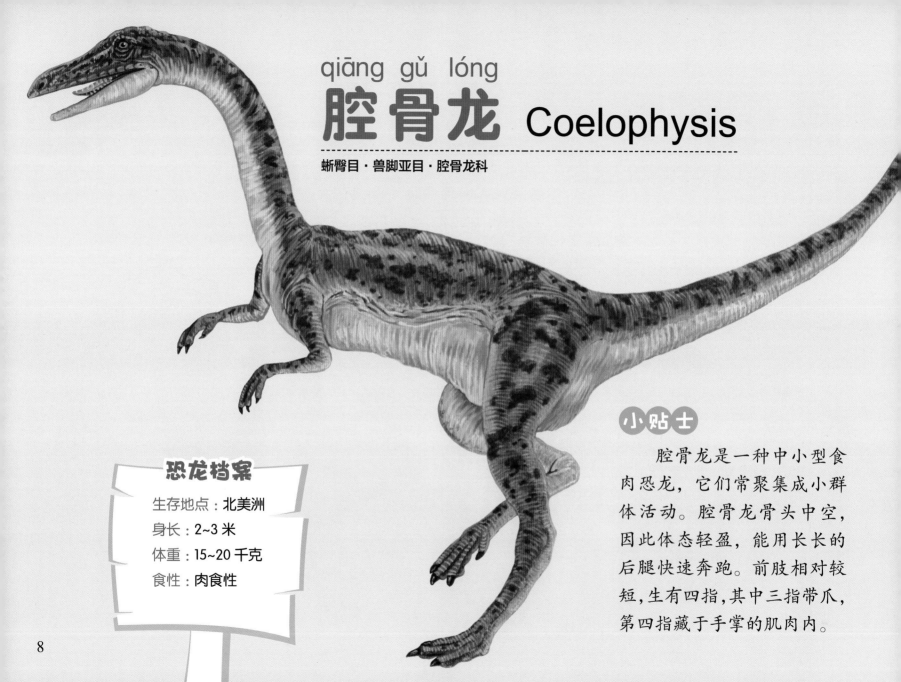

qiāng gǔ lóng
腔骨龙 Coelophysis

蜥臀目·兽脚亚目·腔骨龙科

恐龙档案

生存地点：北美洲

身长：2~3 米

体重：15~20 千克

食性：肉食性

小贴士

　　腔骨龙是一种中小型食肉恐龙，它们常聚集成小群体活动。腔骨龙骨头中空，因此体态轻盈，能用长长的后腿快速奔跑。前肢相对较短，生有四指，其中三指带爪，第四指藏于手掌的肌肉内。

yuán měi hé lóng

原美颌龙
Procompsognathus

蜥臀目·兽脚亚目·腔骨龙科

恐龙档案

生存地点：欧洲

身长：1.2米

体重：1千克

食性：肉食性

小贴士

　　原美颌龙是两足恐龙，拥有短前肢、长后肢、大型指爪、长口鼻部、小型牙齿，以及坚挺的尾巴。它们生存在相对干燥的内陆环境，可能以昆虫、蜥蜴或其他小型猎物为食。

shǔ lóng

鼠龙 Mussaurus

蜥臀目·蜥脚形亚目·板龙科

小贴士

　　1979 年，古生物学家发现了一窝幼龙化石，它们缺了尾巴，体长只有 20 厘米，因此取名为鼠龙。幼年鼠龙的脑袋和眼睛都较大，还有圆圆的鼻子，而成年鼠龙的脑袋和眼睛较小，有着尖鼻子。

恐龙档案

生存地点：南美洲

身长：2~5 米

体重：120 千克

食性：植食性

bǎn lóng

板龙
Plateosaurus

蜥臀目·蜥脚形亚目·板龙科

小贴士

板龙是最早的大型植食性恐龙。它的头部细小，口中有齿，颈长尾长，躯体粗大。它的后肢粗长，前肢短小，利爪既能赶走敌人，也能抓摘食物。

恐龙档案

生存地点：欧洲

身长：6~10 米

身高：3.6 米

体重：0.6~5 吨

食性：植食性

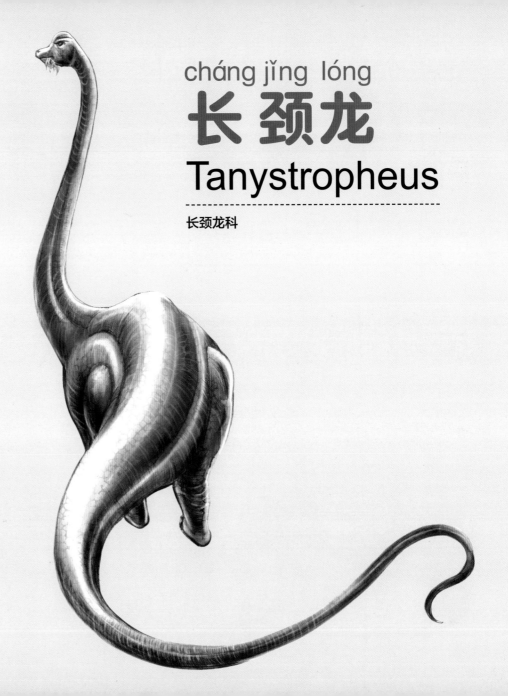

cháng jǐng lóng
长 颈 龙
Tanystropheus

长颈龙科

小 贴 士

　　长颈龙的脖子和尾巴占了它体长的四分之三。它们主要生活在浅水区，但有时候也到岸上来。长颈龙的尾巴在被凶猛动物咬住时会自动断开，它们则会趁机逃跑，而断掉的尾巴会慢慢再长出来。

恐龙档案

生存地点：欧洲、中东

身长：12 米

体重：150 千克

食性：肉食性

侏罗纪前期，因为经历了三叠纪大灭绝，所以各种动植物都非常稀少，但恐龙却一枝独秀，伺机称霸地球。侏罗纪中晚期以后，恐龙成为地球上最繁荣昌盛的优势物种。因此，侏罗纪是恐龙的鼎盛时期。

此时，各类恐龙济济一堂，构成一个千姿百态的恐龙世界。当时除了陆地上身体巨大的迷惑龙、梁龙、腕龙等，水中的鱼龙和空中的翼龙等也大量发展和进化。

侏罗纪

mán lóng

蛮龙 Torvosaurus

蜥臀目 · 兽脚亚目 · 斑龙科

恐龙档案

生存地点：美国、葡萄牙等

身长：9~14.2 米

身高：3.8 米

体重：2~12.2 吨

食性：肉食性

小贴士

蛮龙被称为侏罗纪晚期恐龙界的冷血杀手。巨大的体形并没有影响它捕食时的速度，其腿骨相当粗壮，奔跑速度极快，可以迅速地扑倒猎物。蛮龙的咬合力最大可达 15 吨，仅次于霸王龙。

14

双冠龙 Dilophosaurus

蜥臀目·兽脚亚目·腔骨龙超科

小贴士

双冠龙的特征是它头上的一对骨质头冠，在头部的上方可以看到两片很薄的半月形头冠。头冠由两片极薄的平行状骨头构成，相当脆弱，不能用作武器，只能作为求偶或威吓敌人的一种视觉辨识物。

恐龙档案

别名：双棘龙、双脊龙

生存地点：美国

身长：6~7米

身高：2.4米

体重：400~500千克

食性：肉食性

15

bān lóng
斑龙 Megalosaurus

蜥臀目 · 兽脚亚目 · 斑龙科

小贴士

　　斑龙拥有相当大的头部，通过其牙齿可以看出它属于肉食性动物。斑龙的长尾巴可平衡身体与头部，它的颈椎显示它们有非常灵活的颈部。斑龙的后肢有大量肌肉，以支撑它们的重量。

恐龙档案

别名：巨龙、巨齿龙

生存地点：欧洲

身长：6~9 米

体重：1 吨

食性：肉食性

单脊龙 Monolophosaurus

dān jǐ lóng

蜥臀目·兽脚亚目·斑龙超科

小贴士

单脊龙的头长而粗壮，头顶上有高耸的脊冠，嘴里长满锋利的牙齿。它的后肢是前肢长度的 1.5 倍，显得厚重有力，前肢上也长着锋利的爪子。

恐龙档案

生存地点 : 中国

身长 : 5~6 米

身高 : 1.7~2 米

体重 : 450 千克

食性 : 肉食性

bīng jǐ lóng

冰脊龙
Cryolophosaurus

蜥臀目·蜥脚形亚目·双脊龙科

小贴士

冰脊龙独特的头冠位于眼睛上方，垂直于头颅骨，并且跟其他有冠恐龙的竖向冠不同，它是横向的，而且还有皱褶，外观很像一个梳子。它是第一种在南极洲发现的肉食性恐龙。

恐龙档案

别名：冰棘龙、冻角龙

生活地点：南极洲

身长：6.5 米

体重：465 千克

食性：肉食性

嗜鸟龙
Ornitholestes

蜥臀目·兽脚亚目·虚骨龙类

恐龙档案

别名：鸟窃龙

生活地点：北美洲

身长：1.8~2 米

体重：12.5~15 千克

食性：肉食性

小贴士

　　嗜鸟龙是小型恐龙中的一员。嗜鸟龙发现猎物时，会突然跃起扑向猎物。当它在追赶猎物时，用长长的尾巴平衡自己的身体。嗜鸟龙前爪的第三指可以向内弯曲，以便帮助它抓住扭动挣扎的猎物。

yǒngchuān lóng
永川龙
Yangchuanosaurus

蜥臀目·兽脚亚目·中华盗龙科

小贴士

永川龙嘴里长满了一排排锋利的牙齿，加上它粗短的脖子，使得永川龙拥有巨大的咬合力。它的前肢很灵活，长着又弯又尖的利爪，用这对利爪可以牢牢地抓住猎物。永川龙的后肢又长又壮，奔跑速度非常快。

恐龙档案

生活地点：中国

身长：8~11米

身高：2.85米

体重：4吨

食性：肉食性

jiǎo bí lóng
角鼻龙 Ceratosaurus

蜥臀目·兽脚亚目·角鼻龙科

小贴士

　　角鼻龙的鼻子上方有一个短角，两眼前方也有类似短角的突起，这就是它被称为角鼻龙的原因。另外，从它的后脑到尾部还生有小锯齿状的棘突。

恐龙档案

别名：角冠龙

生活地点：美国等

身长：5~7 米

身高：2.5~3 米

体重：700-1500 千克

食性：肉食性

mí huò lóng

迷惑龙 Apatosaurus

蜥臀目·蜥脚型亚目·梁龙科

小贴士

迷惑龙是陆地上存在的最大型生物之一。迷惑龙有着长颈及长尾，它的脖子有6米多长，而尾巴可长达9米。迷惑龙每天要花大量时间来吃东西，食物从长长的食管一直滑落到胃里，在那儿，这些食物会被它不时吞下的鹅卵石磨碎。

恐龙档案

别名：阿普吐龙

生活地点：美国

身长：21~26米

体重：26~35吨

食性：植食性

异特龙 Allosaurus

yì tè lóng

蜥臀目·兽脚亚目·异特龙科

小贴士

异特龙是一种大型的两足掠食性恐龙。它的头颅骨很大，上有大型洞孔，可减轻重量，眼睛上方拥有角冠。相较于粗大、强壮的后肢，它们的前肢较小，有三个弯曲的指爪。尾巴长而重，可平衡身体与头部。

恐龙档案

别名：跃龙、异龙

生活地点：北美洲等

身长：7~9.7 米

体重：1.5~3.6 吨

食性：肉食性

liáng lóng
梁龙 Diplodocus

蜥臀目·蜥脚形亚目·梁龙科

小贴士

梁龙是巨大的四足动物，有着长颈及像鞭子似的长尾巴。梁龙能用它强有力的尾巴来鞭打猎物，或者用后腿站立，用尾巴支撑部分体重，以便能用巨大的前肢来自卫。梁龙前肢内侧脚趾上有一个巨大而弯曲的爪，那可是它锋利的自卫武器。

恐龙档案

生活地点：北美洲

身长：25~32 米

体重：10~16 吨

食性：植食性

yuán dǐng lóng
圆顶龙 Camarasaurus

蜥臀目·蜥脚形亚目·圆顶龙科

小贴士

　　圆顶龙的拱形头颅骨是其名字的由来，它的头颅骨短而高。圆顶龙是群居动物，它们不做窝，而是一边走路一边生蛋，生出的恐龙蛋排成一条线。圆顶龙的腿像树干那样粗壮，可以稳稳地支撑起它巨大的体重。

恐龙档案

生活地点：北美洲

身长：7.5~23 米

体重：15~47 吨

食性：植食性

mǎ mén xī lóng

马门溪龙 Mamenchisaurus

蜥臀目·蜥脚形亚目·马门溪龙科

小贴士

　　马门溪龙的脖子长达9米，它的脖子由长长的、相互叠压在一起的颈椎支撑着，因而十分僵硬，转动起来十分缓慢。它脖子上的肌肉相当强壮，支撑着蛇一样的小脑袋。这也是中国发现的最大的蜥脚类恐龙。

恐龙档案

生活地点：中国

身长：16~35 米

体重：20~55 吨

食性：植食性

wàn lóng
腕龙 Brachiosaurus

蜥臀目·蜥脚形亚目·腕龙科

恐龙档案

生活地点：美国、非洲

身长：25 米

身高：15 米

体重：20~30 吨

食性：植食性

小贴士

　　腕龙有着长脖子和小脑袋。由于身体太重，行动不便，它只好在有水的地方活动，靠水的浮力来减轻一些重量，同时也能躲避食肉恐龙的袭击。腕龙每天大约能吃 1.5 吨的食物。

tuǐ lóng
腿龙 Scelidosaurus

鸟臀目·装甲亚目·腿龙科

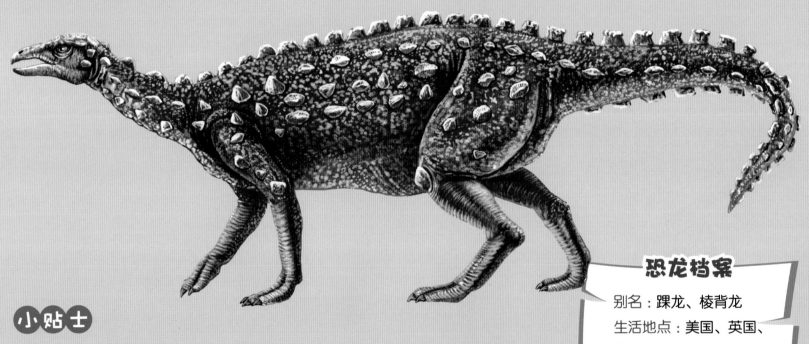

小贴士

　　腿龙的头部较小,而颈部则相对较长。它的前肢略短于后肢,前肢的掌部宽大、强健,并生有蹄状的爪。腿龙习惯四足行走,整个身体的最高点在臀部。腿龙的背上有一排排骨质突起,尾巴的长度超过身体的一半。

恐龙档案

别名:踝龙、棱背龙

生活地点:美国、英国、中国

身长:3~4米

体重:200~270千克

食性:植食性

jiàn lóng

剑龙
Stegosaurus

鸟臀目·装甲亚目·剑龙科

小贴士

　　剑龙是最知名的恐龙之一，因其特殊的骨板与尾刺而闻名。沿着它弓起的背部脊线，有两道形状类似风筝的板状物平行排列，在尾部末端则有两对尖刺。剑龙的脑容量非常小，可能是所有恐龙中脑容量最小的一个。

恐龙档案

生活地点：北美洲、欧洲、亚洲、非洲

身长：7~9米

身高：2.35~3.5米

体重：2~4吨

食性：植食性

29

dīng zhuàng lóng
钉状龙 Kentrosaurus

鸟臀目·装甲亚目·剑龙科

小贴士

　　钉状龙从颈至尾，贯穿着两排甲刺作为自己的防身武器。前部的甲刺较宽，而从中部向后，甲刺逐渐变窄、变尖，在双肩两侧还额外长着一对利刺。聪明的钉状龙很会寻找食物，它总有办法找到湿润土壤里的植物。

恐龙档案

别名：肯氏龙

生活地点：东非

身长：5米

身高：1.5米

体重：1.1吨

食性：植食性

30

锐龙 Dacentrurus

ruì lóng

鸟臀目·剑龙亚目·剑龙科

小贴士

锐龙是最团结的大家族，在觅食、前行、遇敌的时候，那些年轻的恐龙总是站在年老和年幼的恐龙前面，年轻的恐龙甚至会牺牲自己的生命，去保护年老和年幼的恐龙。

恐龙档案

生活地点：欧洲

身长：6~10 米

体重：5.5 吨

食性：植食性

tuó jiāng lóng
沱江龙
Tuojiangosaurus

鸟臀目·甲龙亚目·剑龙科

小贴士

　　沱江龙的头小而扁，从颈部、背脊到尾部长着十几对骨板，这些骨板比剑龙的骨板要尖利，主要用于御敌。沱江龙短而强健的尾巴末端还有两对向上扬起的骨钉，它会用尾巴猛力攻击对手。

恐龙档案

生活地点：中国

身长：7米

身高：2米

体重：3吨

食性：植食性

xiàng shù lóng

橡树龙 Dryosaurus

鸟臀目·鸟脚亚目·橡树龙科

小贴士

橡树龙是快跑能手，当它遭到食肉恐龙的威胁时，能用长长的后肢迅速逃跑，并用坚硬的尾巴保持平衡。它的眼睛很大，前面有一根特殊的骨头，用以托起眼球和眼睛周围的皮肤。

恐龙档案

生活地点：美国、英国等

身长：2.4~4.3 米

体重：77~100 千克

食性：植食性

yì shǒu lóng

翼手龙
Pterodactylus

翼龙目·翼手龙亚目·翼手龙科

　　翼手龙的头骨由轻而紧密的骨头组成，非常轻巧。它的骨骼很薄，而且是中空的，第一指特别长，用以支撑膜翼，后肢很短，没有尾巴或尾巴极短。翼手龙以昆虫为食，有些还可以觅食鱼类。

恐龙档案

别名：翼龙

生活地点：欧洲、亚洲

翼展：0.5~14 米

食性：肉食性

喙嘴翼龙 Rhamphorhynchus

huì zuǐ yì lóng

翼龙目·喙嘴翼龙亚目·喙嘴翼龙科

小贴士

喙嘴翼龙的颌部布满向前倾的尖细牙齿，喜欢吃鱼类和昆虫。喙嘴翼龙的长尾巴上有韧带，以保持尾巴的硬度。幼年喙嘴翼龙的尾端略成柳叶刀形，随着体型增长，成年喙嘴翼龙的尾端则变成钻石形。

恐龙档案

别名：喙嘴龙

生活地点：德国

翼展：1~1.8 米

食性：肉食性

35

shuāng xíng chǐ yì lóng

双型齿翼龙
Dimorphodon

翼龙目 · 喙嘴翼龙亚目 · 双型齿翼龙科

小贴士

双型齿翼龙得名于它有两种类型的牙齿：颌骨前部是用于穿刺的长牙，后部是更小的尖牙。它有长长的尾巴，跟其他翼龙相比，它有一个巨大的脑袋。

恐龙档案

别名：双型齿兽

生活地点：英国、墨西哥

翼展：1.5 米

食性：肉食性

36

蛇颈龙 Plesiosaurus

shé jǐng lóng

蛇颈龙目·蛇颈龙亚目·蛇颈龙科

小贴士

蛇颈龙的外形像一条蛇穿过一个乌龟壳，头小，颈长，尾巴短。蛇颈龙的口鼻部很短，但嘴巴可以张得很大，下颌里长有锐利的牙齿。它们以两对鳍推动身体来在水里前进，尾巴因为太短而不能推动身体前进。

恐龙档案

生活地点：海洋

体长：3.6~18 米

食性：肉食性

37

滑齿龙

huá chǐ lóng

Liopleurodon

蛇颈龙目 · 上龙亚目 · 上龙科

小贴士

　　滑齿龙是有史以来最强大的水生猛兽，它的长颚里布满尖锐的牙齿。滑齿龙的鼻腔结构使得它在水中也能嗅到气味，这样滑齿龙就可以在很远的地方发现猎物行踪。滑齿龙是卵胎生动物，喜欢在浅海域产仔。

恐龙档案

生活地点：海洋

体长：5~7 米

体重：1~1.7 吨

食性：肉食性

xiá yì yú lóng

狭翼鱼龙
Stenopterygius

鱼龙目·狭翼鱼龙科

小贴士

由于狭翼龙的身体光滑，还长着鳍状肢和鱼一样的尾巴，因此它是快速敏捷的游泳能手。狭翼龙以鱼和鱿鱼为主要食物，靠它的大眼睛和灵活的耳朵帮忙发现这些猎物。

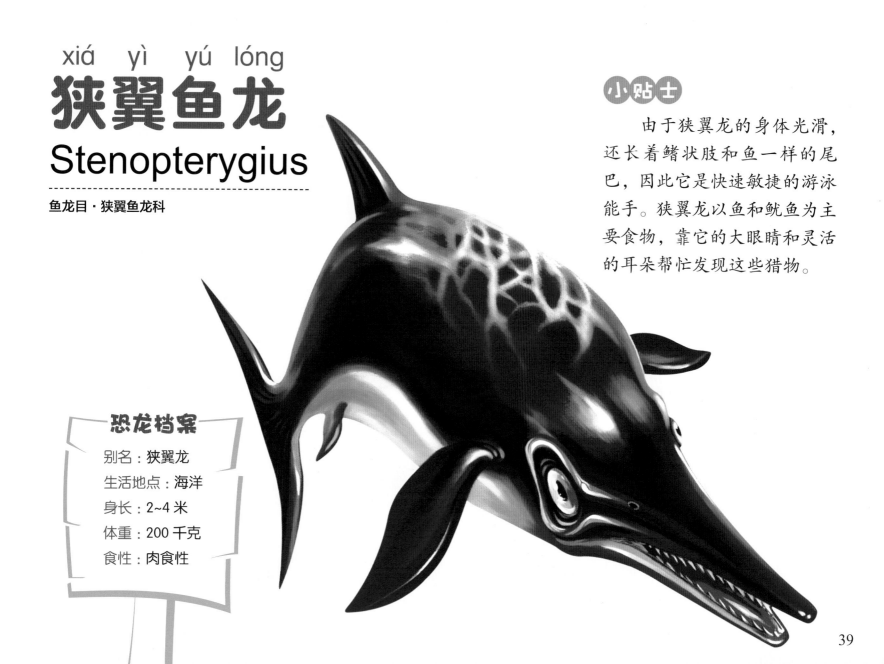

恐龙档案

别名：狭翼龙

生活地点：海洋

身长：2~4 米

体重：200 千克

食性：肉食性

39

真鼻龙 Eurhinosaurus

鱼龙目 · 蛇嘴鱼龙科

小贴士

真鼻龙上颌的长度为下颌的两倍，且两侧拥有尖锐的牙齿，这个特征与其他鱼龙类完全不同。真鼻龙可能是用上颌在海床上搜寻海底的甲壳类动物，也有可能是直接用上颌来攻击猎物。

恐龙档案

生活地点：海洋

身长：超过 6 米

食性：肉食性

白垩纪是恐龙由鼎盛走向灭绝的时期。白垩纪时代，恐龙的种类到达了极盛，它们仍然统治着世界。像暴龙这样的大型肉食性恐龙统治着陆地；像飞机一样的翼龙类，例如披羽蛇翼龙在天空中滑翔；巨大的海生爬行动物，例如海王龙统治着浅海。

白垩纪末期，地球上的生物经历了一次严重的灾难，导致恐龙完全灭绝。究竟是什么原因导致恐龙和大批生物突然灭绝？这个问题始终是科学界的一个难解之谜。

白垩纪

qiè dàn lóng

窃蛋龙 Oviraptor

蜥臀目·兽脚亚目·偷蛋龙科

恐龙档案

别名：偷蛋龙

生活地点：亚洲

身长：1.8~2.5 米

体重：33 千克

食性：杂食性

小贴士

窃蛋龙体形较小，但有长长的尾巴，在外形上最明显的特征是头部短，而且头上还有一个高耸的骨质头冠，非常显眼。它的口中没有牙齿，但是它的喙部强而有力，可以敲碎骨头。

lián dāo lóng

镰刀龙 Therizinosaurus

蜥臀目·兽脚亚目·镰刀龙科

小贴士

　　镰刀龙的巨爪可以用来自卫或者争夺配偶。遇到袭击时，它可能站着伸开它的前肢，像一只轻拍翅膀的天鹅一样，展示它的巨爪，起到威慑敌人的作用。

恐龙档案

生活地点：中国、蒙古

身长：10 米

身高：6 米

体重：6~7 吨

食性：杂食性

dān zhǎo lóng

单爪龙
Mononykus

蜥臀目·兽脚亚目·阿瓦拉慈龙科

小贴士

单爪龙有一副轻盈的骨骼、一条长长的尾巴与苗条的双腿，最令人惊奇的是它那只有一个爪子的前肢。这个粗壮结实的爪子是那么不成比例的大，它直接连接着单爪龙唯一的一指。

恐龙档案

生活地点：蒙古、中国

身长：1米

食性：肉食性

kǒng zhǎo lóng

恐爪龙 Deinonychus

蜥臀目 · 兽脚亚目 · 驰龙科

小贴士

像镰刀一样的第二趾是恐爪龙最著名的特征。它的后肢第二趾上有非常大、呈镰刀状的大型趾爪，在行走时第二趾可能会缩起，仅使用其他趾行走。一般认为恐爪龙会用其镰刀爪来戳刺猎物。

恐龙档案

生活地点：美国

身长：2.5~3.4 米

体重：73 千克

食性：肉食性

líng dào lóng
伶盗龙
Velociraptor

蜥臀目 · 兽脚亚目 · 驰龙科

小贴士

伶盗龙是一种有羽毛的恐龙，而且有长而坚挺的尾巴。伶盗龙尖牙利爪，能高速奔跑，它最知名的武器，是它那长约九厘米的第二指，这也是它捕杀猎物的主要武器。

恐龙档案

别称：迅猛龙、速龙

生活地点：蒙古、中国

身长：2.07 米

体重：15 千克

食性：肉食性

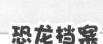

xiǎo dào lóng
小盗龙 Microraptor

蜥臀目·兽脚亚目·驰龙科

小贴士

　　小盗龙在有羽毛恐龙与早期鸟类中相当独特，它是已知的鸟类祖先中，后肢、前肢与头部都拥有长羽的少数物种之一。它的身体覆盖着一层厚羽毛，而尾巴末端有个钻石状羽毛扇（可能在飞行中增加稳定性）。

恐龙档案

生活地点：中国

身长：55~75 厘米

食性：肉食性

léi kè sī bào lóng

雷克斯暴龙
Tyrannosaurus Rex

蜥臀目 · 兽脚亚目 · 暴龙科

小贴士

　　暴龙是肉食性恐龙中出现最晚、最大型、最孔武有力的品种，也是最著名的陆地掠食者之一。暴龙的牙齿极为发达，它的牙齿成圆锥状，非常适合压碎骨头。

恐龙档案

别称：霸王龙

生活地点：美国、加拿大

身长：11.5~14.7 米

身高：近 6 米

体重：8~14.85 吨

食性：肉食性

jí lóng
棘龙
Spinosaurus

蜥臀目·兽脚亚目·棘龙科

棘龙的背部有明显的长棘，是由脊椎骨的神经棘延长而成，高度可达2米，长棘之间可能有皮肤联结，形成一个帆状物。然而，有些古生物学家认为这些长棘是由肌肉覆盖着，形成隆肉或背脊。

恐龙档案

别称：棘背龙

生活地点：非洲北部

身长：12~20.7米

身高：5~7米

体重：4~26吨

食性：肉食性

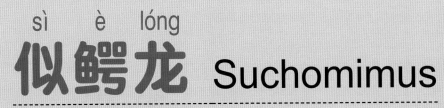

sì è lóng
似鳄龙 Suchomimus

蜥臀目·兽脚亚目·棘龙科

恐龙档案

生活地点：非洲

身长：9.5~11 米

身高：3.5~5 米

体重：2.5~5.2 吨

食性：肉食性

小贴士

似鳄龙拥有非常长的低矮口鼻部，狭窄的颚部上约有 100 颗牙齿，这些牙齿稍微往后弯曲。口鼻部末端较大，并长有更长的牙齿，这样的结构最适合咬住体滑的鱼。

shí ròu niú lóng

食肉牛龙
Carnotaurus

蜥臀目·兽脚亚目·阿贝力龙科

小贴士

食肉牛龙的行动速度非常快，可以用食肉恐龙中的猎豹来形容，最快速度可达 17 米／秒（约 60 千米／时）。食肉牛龙的两个角不是位于鼻部，而是位于额头上。

恐龙档案

别称：牛龙

生活地点：阿根廷

身长：8 米

身高：3.5 米

体重：3 吨

食性：肉食性

高棘龙
Acrocanthosaurus

蜥臀目·兽脚亚目·鲨齿龙科

恐龙档案

别称：多棘龙、多脊龙、
　　　阿克罗肯龙
生活地点：美国、加拿大
身长：10~12.9米
体重：5~7吨
食性：肉食性

小贴士

　　高棘龙背上的棘状突起最短20厘米，最长达50厘米。古生物学家们推测，它的背棘可能用于沟通信息、储存脂肪或控制体温。它的身体厚实宽大，前肢短而粗壮，无法接触地面。

nán fāng jù shòu lóng

南方巨兽龙 Giganotosaurus

蜥臀目 · 兽脚亚目 · 鲨齿龙科

南方巨兽龙作为南美洲最大的食肉恐龙之一，拥有强大的咬合力。它的大嘴巴里长着一口锋利的牙齿，长达 20 厘米。它有强大的骨骼及肌肉，以保证它们在捕食猎物时的速度。

恐龙档案

别称：南巨龙、巨兽龙、巨型南美龙

生活地点：阿根廷

身长：13~13.8 米

体重：8.5~10.52 吨

食性：肉食性

wěi yǔ lóng
尾羽龙
Caudipteryx

蜥臀目 · 兽脚亚目 · 尾羽龙科

恐龙档案

生活地点：中国

身长：约1米

食性：杂食性

小贴士

　　在尾羽龙的尾巴末端长着一束扇形排列的尾羽，在它的前肢上也长着一排羽毛。这些羽毛具有明显的羽轴，也发育有羽片。而且这些羽片是对称分布的，长度为15到20厘米。

sì jī lóng

似鸡龙 Gallimimus

蜥臀目·兽脚亚目·似鸟龙科

恐龙档案

生活地点：蒙古

身长：4~6 米

身高：3 米

体重：440 千克

食性：杂食性

小贴士

似鸡龙看起来像一只大鸵鸟，有着小脑袋、大眼睛和长脖子。它的前肢很短，爪上有三指。似鸡龙可以用爪拨开泥土，挖出蛋来做食物。多数情况下，它以植物为食，但也吃小昆虫。

55

ā gēn tíng lóng

阿根廷龙 Argentinosaurus

蜥臀目·蜥脚形亚目·南极龙科

小贴士

　　阿根廷龙是世界上最大的蜥脚类恐龙之一。虽然凭借着自身的巨大体型，它可以吓退一些虎视眈眈的掠食者，但是它仍然有天敌，那就是一种接近于暴龙体型的掠食者马普龙。

恐龙档案

生活地点：阿根廷

身长：35~43 米

体重：88~107 吨

食性：植食性

bō sài dōng lóng

波塞东龙 Sauroposeidon

蜥臀目·蜥脚形亚目·腕龙科

小贴士

波塞东龙的体格类似现代长颈鹿，它们同样拥有短身体与长颈部。波塞东龙是目前已知最高的恐龙，它把头举起来，大约有6层楼高。

恐龙档案

别称：海神龙、蜥海神龙

生活地点：北美洲

身长：28~34米

身高：17米

体重：50~60吨

食性：植食性

kāi jiǎo lóng

开角龙
Chasmosaurus

鸟臀目 · 角龙亚目 · 角龙科

小贴士

　　开角龙有夸张的头饰，但它是中空的，因此难以抵挡强大的敌人。它们通常群居在一起，遇到食肉恐龙来袭时，会围成一圈，优先保护好小恐龙。

恐龙档案

生活地点：北美洲

身长：4.3~4.8 米

体重：1.5~2 吨

食性：植食性

58

zǔ ní jiǎo lóng

祖尼角龙
Zuniceratops

鸟臀目·角龙亚目·角龙科

小贴士

祖尼角龙的额头上有两个长长的尖角，这两个角会随年龄增长而长大。它头后的头盾是多孔的，但缺乏颈盾缘骨突。祖尼角龙是已知的最早有额角的角龙类，也是已知的最古老的北美洲角龙类。

恐龙档案

生活地点：美国

身长：3~3.5 米

身高：1 米

体重：100~150 千克

食性：植食性

niú jiǎo lóng

牛角龙 Torosaurus

鸟臀目·角龙亚目·角龙科

小贴士

牛角龙是人们所知道的陆地动物中头最大的。它的颈部有一个巨大的头盾，从头的后部向上伸出，还有三个大角向前伸出。它的身体也又大又重，但腿非常有力。

恐龙档案

别称：肿角龙

生活地点：北美洲

身长：8 米

体重：8 吨

食性：植食性

yīng wǔ zuǐ lóng

鹦鹉嘴龙
Psittacosaurus

鸟臀目·鸟脚亚目·鹦鹉嘴龙科

小贴士

鹦鹉嘴龙并没有适合咀嚼或磨碎植物的牙齿，它主要靠吞食胃石来协助磨碎消化系统中的食物。古生物学家经常在鹦鹉嘴龙的腹部位置发现胃石，有时超过50颗，这些胃石可能储藏于砂囊中，如同现代鸟类。

恐龙档案

别称：鹦鹉龙
生活地点：中国、蒙古、俄罗斯、泰国
身长：1~2米
体重：6~20千克
食性：植食性

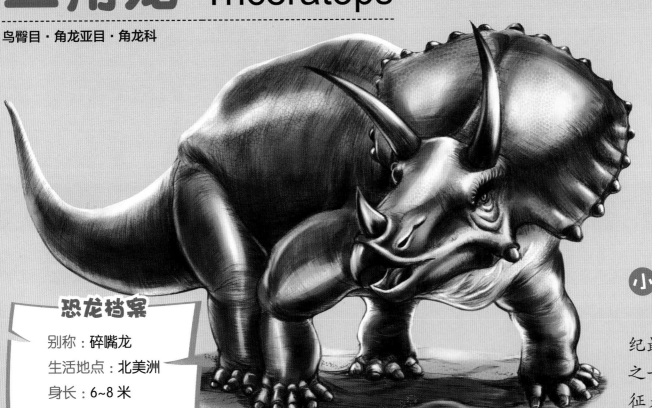

sān jiǎo lóng
三角龙 Triceratops

鸟臀目·角龙亚目·角龙科

恐龙档案

别称：碎嘴龙

生活地点：北美洲

身长：6~8 米

身高：2.4~2.8 米

体重：5~10 吨

食性：植食性

小贴士

三角龙是白垩纪最强的植食性恐龙之一，它最显著的特征是大型头颅和头盾，它的头盾可长达 2 米。三角龙的鼻孔上方有一个角，而在它的眼睛上方有一对角，长达 1 米。

jǐ   lóng

戟龙
Styracosaurus

鸟臀目·角龙亚目·角龙科

小贴士

　　戟龙鼻子上的角有 50 厘米长，头盾上还有 4 到 6 个尖角，而头盾上 4 个最长的角，每个几乎都跟鼻子上的角一样长。戟龙性格温顺，却敢于和肉食性恐龙对抗，甚至敢反击霸王龙，就是靠这些尖角的威力。

恐龙档案

别称：刺盾角龙

生活地点：加拿大、美国

身长：5~5.5 米

身高：1.8 米

体重：2.7~3 吨

食性：植食性

gǔ jiǎo lóng

古角龙

Archaeoceratops

鸟臀目 · 角龙亚目 · 古角龙科

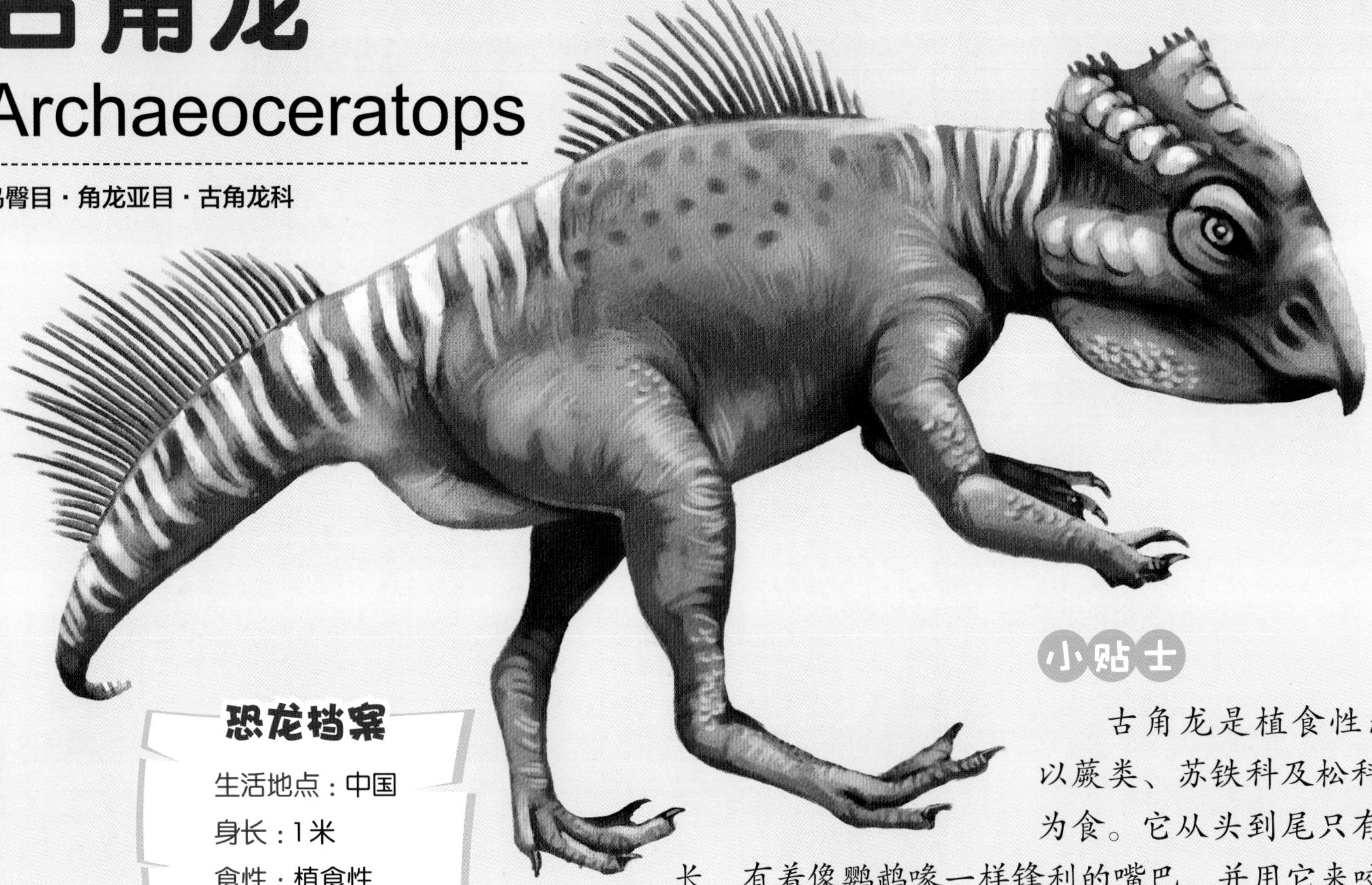

恐龙档案

生活地点：中国

身长：1米

食性：植食性

小贴士

古角龙是植食性恐龙，以蕨类、苏铁科及松科植物为食。它从头到尾只有一米长，有着像鹦鹉喙一样锋利的嘴巴，并用它来咬断叶子。另外，古角龙的头盾很小，没有角。它是用后肢来行走的。

hòu bí lóng

厚鼻龙 Pachyrhinosaurus

鸟臀目·角龙亚目·角龙科

小贴士

厚鼻龙的头上有厚厚的骨垫，长在鼻孔和眼睛的上方，用以保护头部不受震荡，同时也是群体间格斗的武器。它的鼻子上虽然没有角，但它有大大的颈盾，颈盾上方还生有两对角。

恐龙档案

生活地点：北美洲

身长：5.5~8 米

体重：4 吨

食性：植食性

jiǎ lóng

甲龙
Ankylosaurus

鸟臀目·装甲亚目·甲龙科

恐龙档案

生活地点：玻利维亚、
美国、墨西哥

身长：5~6.5 米

身高：1.7 米

体重：2 吨

食性：植食性

小贴士

甲龙最明显的特征是它的装甲，牢牢嵌入皮肤。坚硬的圆形鳞片保护头颅骨的顶部，而四个大型的角则在后方向外伸出。它那像棒槌一样的尾巴可对掠食者造成重击。

bāo tóu lóng

包头龙 Euoplocephalus

鸟臀目·装甲亚目·甲龙科

小贴士

    包头龙从头到尾都被重甲覆盖着，而且还配有尖锐的骨刺，就像身上插着匕首似的。它的尾巴像一根坚实的棍子，尾端还有沉重的骨锤，遇到大型食肉恐龙的袭击时，它会奋力挥动尾巴，用力抽打袭击者的腿部。

恐龙档案

别名：优头甲龙

生活地点：加拿大、美国

身长：6米

体重：3吨

食性：植食性

háo yǒng lóng

豪勇龙
Ouranosaurus

鸟臀目·鸟脚亚目·禽龙超科

小贴士

　　豪勇龙背上的棘柱由肌腱连接在一起，在前肢位置达到最长，这个棘柱可以帮助它保持体温的恒定。豪勇龙的四个爪上都有一个长拇指钉，这是它最有用的武器，能刺伤进攻者。

恐龙档案

别名：天堂龙、无畏龙

生活地点：西非

身长：7~8.3 米

体重：2.2~4 吨

食性：植食性

yā zuǐ lóng
鸭嘴龙 Hadrosaurs

鸟臀目·鸟脚亚目·鸭嘴龙科

小贴士

　　鸭嘴龙的嘴既扁平又长，像鸭子的嘴一样，所以命名为鸭嘴龙。鸭嘴龙一般是双足行走，前爪各指之间有蹼，以利于水中活动。它主要以柔软植物、藻类为食。

恐龙档案

生活地点：亚洲、北美洲

身长：10~15 米

身高：约 5 米

体重：4 吨

食性：植食性

cí mǔ lóng

慈母龙 Maiasaura

鸟臀目·鸟脚亚目·慈母龙科

小贴士

慈母龙是群居生活的恐龙。它在生蛋前，会在泥地上挖一个坑，差不多和一个圆形饭桌一样大。慈母龙把恐龙蛋生在自己的窝里，并且会照看自己的孩子。

恐龙档案

生活地点：北美洲

身长：6~9 米

体重：2 吨

食性：植食性

70

qín lóng
禽龙 Iguanodon

鸟臀目 · 鸟脚亚目 · 禽龙科

小贴士

　　禽龙的后肢很发达，长而粗的尾巴起着平衡作用。它的前肢非常特别，上面有一个朝上生长、硬如尖钉的指，与其他的指爪成直角。它的牙有锯齿状刃口，而且是终生不断替换的。

恐龙档案

生活地点：欧洲、北非、亚洲、北美

身长：9~10米

身高：4~5米

体重：7吨

食性：植食性

71

guān lóng

冠龙
Corythosaurus

鸟臀目·鸟脚亚目·鸭嘴龙科

小贴士

　　冠龙长着像鸭子一样的脸，头顶上有个中空的头冠，雄性的头冠比雌性的大些。它的喙里一颗牙也没有，但嘴里有上百颗的牙齿。它的脚趾上没有锋利的爪，所以无法抵御肉食性恐龙的袭击。

恐龙档案

别称：盔龙、鸡冠龙、
盔头龙、盔首龙

生活地点：加拿大、美国

身长：9~10 米

体重：4 吨

食性：植食性

fù zhì lóng

副栉龙 Parasaurolophus

鸟臀目·鸟脚亚目·鸭嘴龙科

小贴士

　　副栉龙属于植食性恐龙，它最著名的特征是头顶上的冠饰，由前上腭骨与鼻骨所构成，一直从它的头部后方延伸出去。副栉龙在寻找食物时是四足行走，在奔跑时用两足。

恐龙档案

别称：副龙栉龙

生活地点：加拿大、美国

身长：9.5 米

体重：2.5 吨

食性：植食性

扇冠大天鹅龙

shàn guān dà tiān é lóng

Olorotitan

鸟臀目·鸟脚亚目·鸭嘴龙科

小贴士

扇冠大天鹅龙与其他鸭嘴龙类的区别在于它的冠饰向后，形状为短斧或尾扇。它高大、宽广、中空的冠饰内部包含着鼻管，可能是作为视觉辨认物或听觉发声器使用。

恐龙档案

生活地点：俄罗斯

身长：12米

食性：植食性

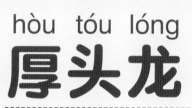

hòu tóu lóng

厚头龙 Pachycephalosaurus

鸟臀目·肿头龙亚目·肿头龙科

厚头龙的头颅被厚达 23~25 厘米的骨板覆盖，脸部与口部也有角质或骨质突起的棘状物。它厚厚的脑袋可以抵御袭击者，也会为博得雌性欢心而与其他雄性撞头竞争。

恐龙档案

别称：肿头龙

生活地点：加拿大、美国

身长：4.5~5 米

体重：1.5~2 吨

食性：植食性

jiàn jiǎo lóng

剑角龙 Stegoceras

鸟臀目·肿头龙亚目·肿头龙科

小贴士

　　剑角龙最大的特色是它又大又厚的头骨。随着年龄的增长，头骨会越变越厚，雄性的头骨比雌性厚，最厚的部位可达 8 厘米。在求偶季节来临时，雄剑角龙会用厚重的头相互顶撞、相互推挤，赢的就可以得到雌剑角龙的芳心。

恐龙档案

别称：顶角龙

生活地点：北美洲

身长：2~2.5 米

身高：1 米

体重：10~40 千克

食性：植食性

无齿翼龙 Pteranodon

翼龙目·翼手龙亚目·无齿翼龙科

小贴士

　　无齿翼龙有一个大脑袋，但是身体很小，几乎没有尾巴。它的喙很长，没有牙齿，喉颈部有皮囊。无齿翼龙能够扇动它们的翅膀飞翔，而且还能飞很长的距离。

恐龙档案

生活地点：美国和英国

身长：1.8 米

翼展：7~9 米

体重：15 千克

食性：肉食性

名　称		特　点
最早的恐龙	始盗龙	生活于三叠纪晚期
最早被发现的恐龙	禽龙	1822 年
最大的恐龙	易碎双腔龙	体长 60~80 米，重 80~220 吨
最大的肉食恐龙	埃及棘龙	体长 19 米，重 22 吨
最大的翼龙	风神翼龙	翼展可达 15.9 米
最高的恐龙	波塞东龙	身高 17 米
最小的恐龙	近鸟龙	体长 30 厘米，重 350 克
最宽的恐龙	甲龙	虽然体长不超过 10 米，但是宽约 5 米
最聪明的恐龙	伤齿龙	就身体和大脑的比例来看，拥有恐龙中最高的智商
最笨的恐龙	剑龙	体重接近 4 吨，但是脑容量只有核桃那么大

名　称		特　点
头骨最长的恐龙	五角龙	头骨长达 2.7 米
牙齿最长的恐龙	暴龙	牙齿超过 30 厘米
头最大的恐龙	三角龙	体长约 8 米，头就有约 2.6 米
牙齿最多的恐龙	鸭嘴龙	牙齿数量高达 2000 多颗
脑袋最厚的恐龙	厚头龙	头骨厚达 25 厘米
最早被发现有羽毛的恐龙	近鸟龙	生活于晚侏罗纪
最早被发现有毒的恐龙	中国鸟龙	2009 年，美国科学家发现它能够分泌毒液
前肢指爪最大的恐龙	镰刀龙	第二指长达 1 米
咬合力最强的恐龙	雷克斯暴龙	嘴巴末端咬合力最大可达 20 万牛顿
颈部与身体比例最大的恐龙	长生天龙	长生天龙的颈部是身体长度的 2 倍

图书在版编目(CIP)数据

畅游恐龙公园 / 海豚传媒编. — 武汉: 长江少年儿童出版社, 2014.3
（好奇宝宝大世界）
ISBN 978-7-5353-9446-0

Ⅰ.①畅… Ⅱ.①海… Ⅲ.①常识课—学前教育—教学参考资料 Ⅳ.①G613.3

中国版本图书馆CIP数据核字(2013)第221161号

畅游恐龙公园

海豚传媒／编
责任编辑／罗　萍　　叶　朋　　傅一新
装帧设计／钮　灵　　美术编辑／王文雯
出版发行／长江少年儿童出版社
经销／全国新华书店
印刷／深圳市福圣印刷有限公司
开本／787×1092　　1／16　　5印张
版次／2020年1月第1版第7次印刷
书号／ISBN 978-7-5353-9446-0
定价／17.80元

策划／海豚传媒股份有限公司（20015716）
网址／www.dolphinmedia.cn　　邮箱／dolphinmedia@vip.163.com
阅读咨询热线／027-87391723　　销售热线／027-87396822
海豚传媒常年法律顾问／湖北珞珈律师事务所　　王清　　027-68754966-227